解密 经典

近身守卫——

经典手枪

★★★★★★ 崔钟雷 主编

吉林美术出版社 | 全国百佳图书出版单位

前言

QIAN YAN

  世界上每一个人都知道兵器的巨大影响力。战争年代,它们是冲锋陷阵的勇士;和平年代,它们是巩固国防的英雄。而在很多小军迷的心中,兵器是永恒的话题,他们都希望自己能成为兵器的小行家。

  为了让更多的孩子了解兵器知识,我们精心编辑了这套《解密经典兵器》丛书,通过精美的图片为小读者还原兵器的真实面貌,同时以轻松而严谨的文字让小读者在快乐的阅读中掌握兵器常识。

编　者

目录
MuLU

第一章 美国手枪

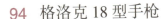

第五章 奥地利手枪

第六章 其他国家手枪

第一章
美国手枪

柯尔特袖珍型手枪

"超级小不点"

在体积和重量上,柯尔特袖珍型手枪都是世界自动手枪家族中的"超级小不点",但是这丝毫没有影响该枪的性能,在各种危机的情况中,柯尔特袖珍型手枪都能保证稳定的性能。

研发背景

20世纪初期,美国的特工人员和执法人员希望能够有一种体积小巧、可以随身携带的手枪,以便执行突袭任务或在遇到危险的时候自卫。于是,美国柯尔特公司开始着手研制袖珍型手枪。1908年到1942年,柯尔特袖珍型手枪开始批量生产。

机密档案

型号:柯尔特袖珍型

口径:6.35 毫米

枪长:114 毫米

枪重:0.37 千克

弹容:6 发

有效射程:30 米

设计难点

　　柯尔特袖珍型手枪的设计面临很多难题,其中最大的难题就是如何实现外形尺寸与枪械性能之间的平衡。柯尔特袖珍型手枪注重隐蔽性和便携性,外形要尽可能紧凑,尺寸要尽可能小,在此基础上还要保证枪的射击精度。

柯尔特 380 型手枪

设计理念

对于非一线战斗人员来说,手枪是他们最常佩带也是使用最方便的武器之一。传统手枪虽值得信赖,但很难操控,因此,一种实现杀伤力和操控性之间动态平衡的手枪才是真正适合非一线作战人员使用的手枪。在这种设计理念的指导下,柯尔特公司推出了 380 型手枪。

优势

柯尔特 380 型手枪后坐力很小,操控容易,维护方便,而且传统的瞄准具设计有利于提高射击精度。

机密档案

型号:柯尔特380型

口径:9毫米

枪长:152毫米

枪重:0.615千克

弹容:7发

有效射程:20米

设计特点

为了尽可能减小体积,柯尔特380型手枪采用模块化设计,同时也方便量产。柯尔特380型手枪的弹匣采用扁平式设计,以适应减小枪身体积的需要。该枪的握把护片采用工程塑料制成,重量轻,耐腐蚀,而且握持舒适,防滑纹设计也可防止手枪意外掉落。

柯尔特鹰式双动手枪

双动手枪

　　双动手枪是与单动手枪相对而言的。单动手枪是一只手持枪扣动扳机，另一只手压击锤，射击一次就要压一下击锤。如果只扣扳机，不压击锤的话，枪是不会击发的。双动手枪在扣动扳机时，击锤已经处于待发状态，只要保险未锁，扣动扳机就可完成击发动作。

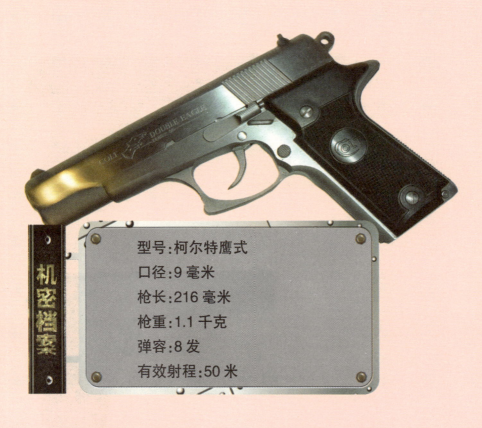

机密档案

型号:柯尔特鹰式

口径:9 毫米

枪长:216 毫米

枪重:1.1 千克

弹容:8 发

有效射程:50 米

人性化设计

柯尔特鹰式双动手枪的扳机护圈较大,左右手均可射击,甚至戴手套时也可轻松地射击。扳机护圈前部还刻有沟槽或花纹,使用者可以牢牢地握住该枪。

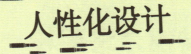

工作原理

柯尔特鹰式双动手枪既可双动也可单动。待机解脱杆会使击锤显示弹膛内是否有子弹,这时,射手不用扣动扳机就会使击锤解除待击状态,击针处于锁定状态。当最后一发子弹射出后,柯尔特鹰式双动手枪的套筒挡铁会使套筒处于空仓挂机状态,以便提示使用者枪弹已打完。

柯尔特德尔塔手枪

设计意图

    柯尔特德尔塔手枪是美国柯尔特公司推出的一款大口径手枪。该枪由杰弗·库伯中校负责设计,目标是设计出一款比柯尔特9毫米手枪威力更大,比柯尔特11.43毫米手枪性能更可靠的手枪,最终在柯尔特11.43毫米手枪的基础上设计出了柯尔特德尔塔手枪。

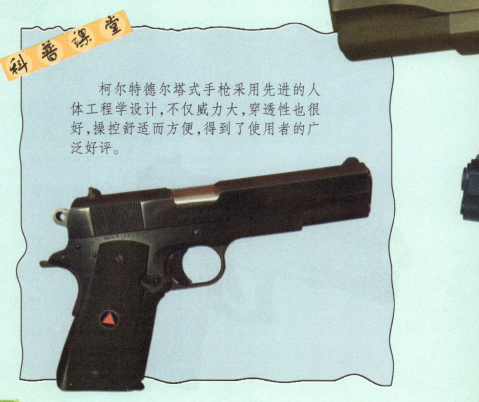

科普课堂

    柯尔特德尔塔式手枪采用先进的人体工程学设计,不仅威力大,穿透性也很好,操控舒适而方便,得到了使用者的广泛好评。

机密档案

型号:柯尔特德尔塔

口径:10 毫米

枪长:213 毫米

枪重:1.11 千克

弹容:7 发

有效射程:20 米

设计特点

柯尔特德塔手枪除了采用与柯尔特 11.43 毫米口径手枪相同的自动方式外，在保险机构和握把等方面，柯尔特德尔塔手枪与柯尔特 11.43 毫米手枪也基本相同。柯尔特德尔塔手枪最明显的标志，就是在握把上有一个红色的三角形图案，在枪管和套筒上也标有三角形图案和 10 毫米 AUTO 字样。

你知道吗

？

柯尔特德尔塔手枪采用燕尾槽形照门和带斜面的准星，准星上有三个白色突起，便于夜间瞄准。

史密斯－韦森 M28 型转轮手枪

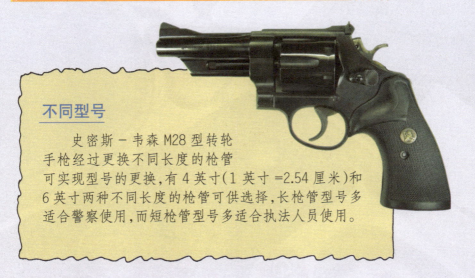

不同型号

　　史密斯－韦森 M28 型转轮手枪经过更换不同长度的枪管可实现型号的更换,有 4 英寸(1 英寸 =2.54 厘米)和 6 英寸两种不同长度的枪管可供选择,长枪管型号多适合警察使用,而短枪管型号多适合执法人员使用。

M28 诞生

　　20 世纪 50 年代,转轮手枪朝经济实用的方向发展,史密斯－韦森公司生产的 M28 型转轮手枪在此时应运而生。

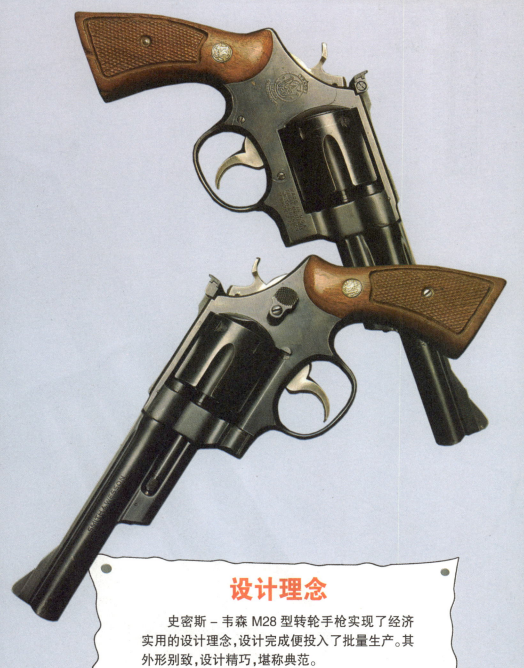

设计理念

史密斯－韦森 M28 型转轮手枪实现了经济实用的设计理念，设计完成便投入了批量生产。其外形别致，设计精巧，堪称典范。

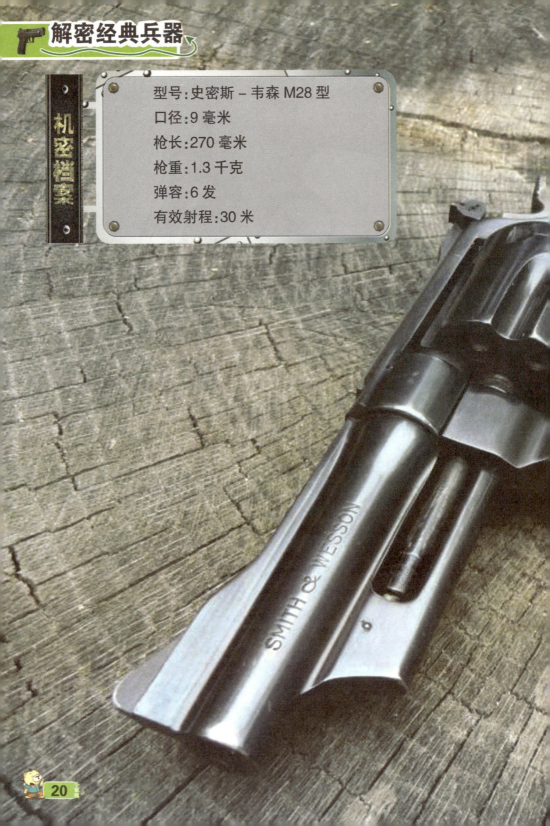

机密档案

型号:史密斯－韦森M28型

口径:9毫米

枪长:270毫米

枪重:1.3千克

弹容:6发

有效射程:30米

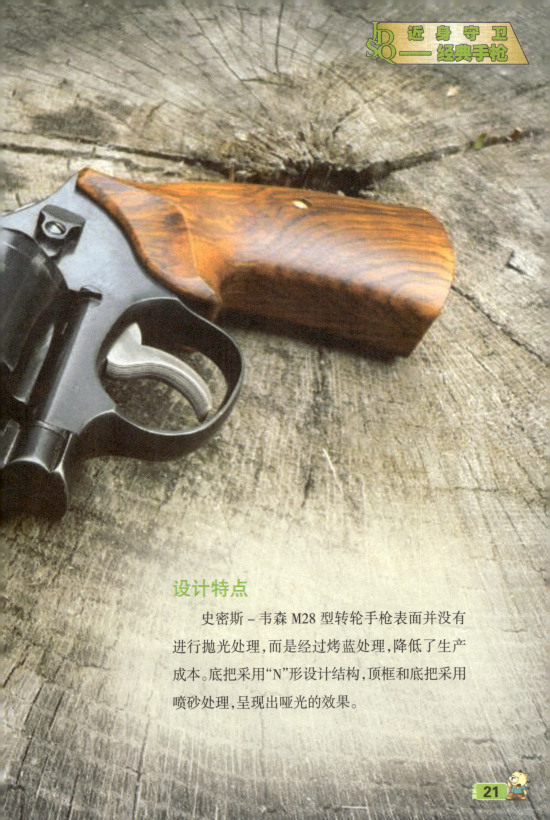

设计特点

史密斯－韦森 M28 型转轮手枪表面并没有
进行抛光处理,而是经过烤蓝处理,降低了生产
成本。底把采用"N"形设计结构,顶框和底把采用
喷砂处理,呈现出哑光的效果。

史密斯 – 韦森 M29 型转轮手枪

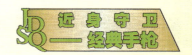
研制历史

　　1955 年 12 月，第一支史密斯－韦森 11 毫米马格南转轮手枪开始生产。该枪后坐力较大，射手很难控制。1956 年，11 毫米马格南手枪增加了重量，改进了外观。1957 年，史密斯－韦森公司将 11 毫米马格南手枪改名为 M29 型转轮手枪。

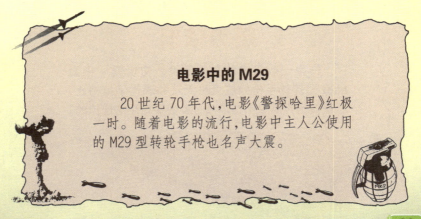

电影中的 M29

　　20 世纪 70 年代，电影《警探哈里》红极一时。随着电影的流行，电影中主人公使用的 M29 型转轮手枪也名声大震。

魅力依旧

　　作为一款历史悠久的手枪，史密斯－韦森 M29 型转轮手枪的威力虽无法和现代手枪相比，但是其优良的平衡性依然是多数手枪无法比拟的。

设计特点

史密斯－韦森 M29 型转轮手枪表面采用镍涂层技术，经过优良的抛光处理。该枪推出时，有三种不同长度的枪管：102 毫米、153 毫米和 203 毫米。直到今天，史密斯－韦森公司还在对 M29 型手枪进行改进和升级。

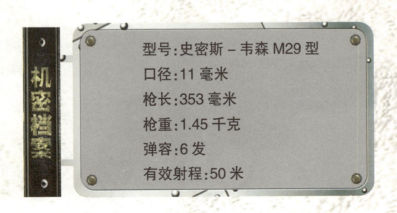

机密档案

型号：史密斯－韦森 M29 型

口径：11 毫米

枪长：353 毫米

枪重：1.45 千克

弹容：6 发

有效射程：50 米

史密斯－韦森M19型转轮手枪

设计构思

  著名枪手及作家比尔·乔丹曾构想过一把名为"和平人员的梦想"的手枪,而史密斯－韦森M19型转轮手枪便是基于乔丹的这一构思,不断改进并经过特殊工艺加工后生产出来的。这款枪的底把设计与在此之前设计的手枪底把相比较,更为小巧和轻盈。

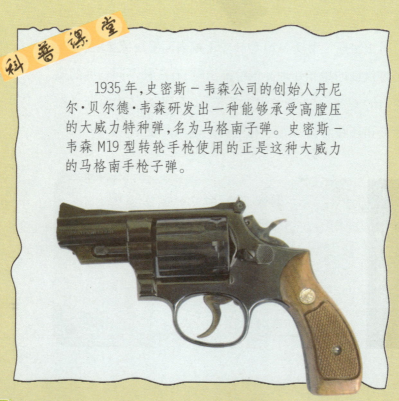

科普课堂

  1935年,史密斯－韦森公司的创始人丹尼尔·贝尔德·韦森研发出一种能够承受高膛压的大威力特种弹,名为马格南子弹。史密斯－韦森M19型转轮手枪使用的正是这种大威力的马格南手枪子弹。

近身守卫
——经典手枪

型号:史密斯－韦森 M19 型
口径:9 毫米
枪长:191 毫米
枪重:0.86 千克
弹容:6 发
有效射程:30 米

机密档案

款式多样

  考虑到使用者的不同需求,史密斯－韦森公司设计出多款 M19 型手枪来满足使用者。有烤蓝碳钢和镀镍钢两种表面处理,分为木制和橡胶两种战斗握把,以及可调节的缺口式照门,枪管分为 63 毫米、102 毫米和 152 毫米三种不同长度,握把还有圆形和方形可供选择。

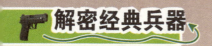
史密斯 – 韦森 M66 型转轮手枪

研制背景

　　史密斯 – 韦森公司是美国最大的手枪制造商，以生产
转轮手枪而闻名。M19 型转轮手枪推出后，史密斯 – 韦森
公司根据使用者的反馈意见研制了 M66 型转轮手枪。

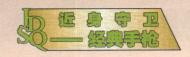

不同长度的枪管

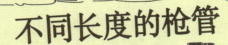

史密斯－韦森 M66 型转轮手枪有四种不同长度的枪管可供使用者选择。短枪管型 M66 转轮手枪携带方便，更适合执行隐蔽任务。

结构特点

史密斯－韦森 M66 型转轮手枪与 M19 型转轮手枪在外形结构上几乎一模一样，枪身由不锈钢制造，但也存在一些差异。史密斯－韦森 M66 型转轮手枪的表面经过防腐蚀处理，准星被涂成了红色。

机密档案

型号：史密斯－韦森 M66 型

口径：9 毫米

枪长：280 毫米

枪重：1.3 千克

弹容：6 发

有效射程：50 米

史密斯－韦森 M500 型转轮手枪

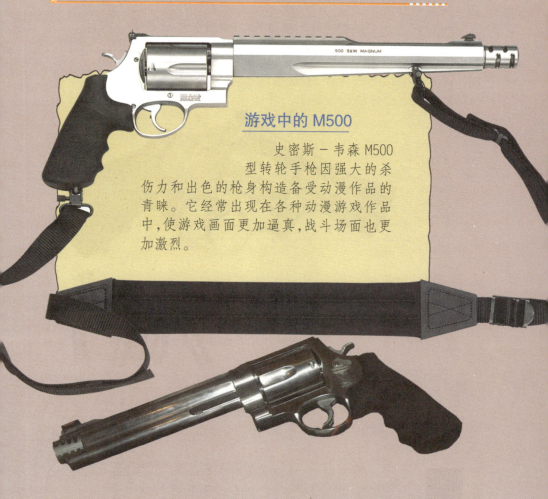

游戏中的 M500

史密斯－韦森 M500 型转轮手枪因强大的杀伤力和出色的枪身构造备受动漫作品的青睐。它经常出现在各种动漫游戏作品中，使游戏画面更加逼真，战斗场面也更加激烈。

"庞然大物"

史密斯－韦森 M500 型转轮手枪的体积和质量都很大，在手枪界中绝对称得上"庞然大物"。史密斯－韦森 M500 型转轮手枪所发射子弹的动能，已经达到了大威力步枪弹的动能。

大威力的保证

　　史密斯－韦森 M500 型转轮手枪的威力绝对是未使用过该手枪的人无法想象的,称其为"手炮"都不为过。该枪最明显的特征就是它的长枪管,这也是大威力的保证。

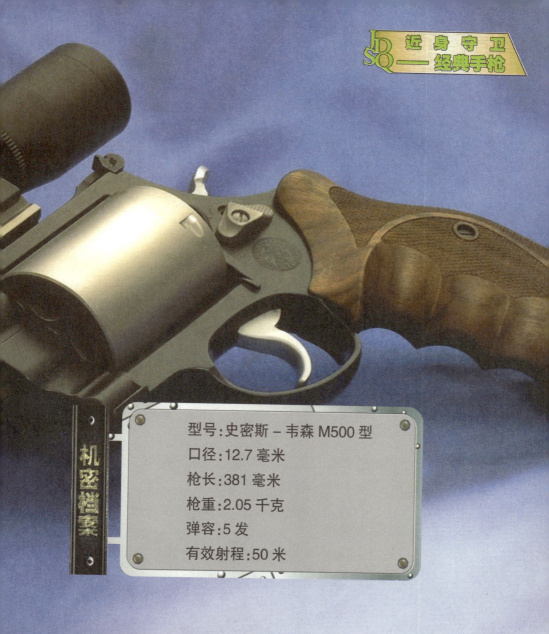

机密档案

型号:史密斯－韦森 M500 型

口径:12.7 毫米

枪长:381 毫米

枪重:2.05 千克

弹容:5 发

有效射程:50 米

先进的设计

　　虽然史密斯－韦森 M500 型转轮手枪使用的子弹威力巨大,但该枪的枪身重量能够防止枪口上跳,橡胶底把、配重块等先进设计能够降低使用者的后坐感。

史密斯 – 韦森 1006 式手枪

精心设计

史密斯 – 韦森 1006 式手枪采用了不锈钢套筒和底把,不仅耐用可靠,而且光滑的质感也赋予了枪体别样的风采,整个枪身看起来光亮十足,时尚前卫。

科普课堂

史密斯 – 韦森 1006 式手枪外形较大,质量较重,在射击时的噪音也很大,但是该枪的后坐力较小,有利于保持稳定射击。

机密档案

型号:史密斯－韦森 1006 式

口径:10 毫米

枪长:216 毫米

枪重:1.07 千克

弹容:9 发

有效射程:30 米

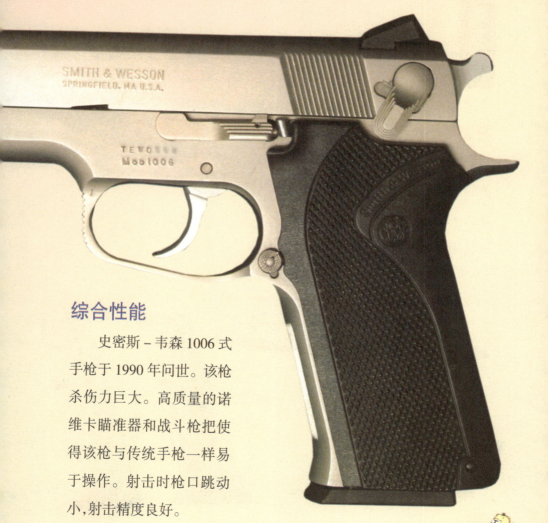

SMITH & WESSON
SPRINGFIELD. MA U.S.A.

综合性能

　　史密斯－韦森1006式手枪于1990年问世。该枪杀伤力巨大。高质量的诺维卡瞄准器和战斗枪把使得该枪与传统手枪一样易于操作。射击时枪口跳动小,射击精度良好。

史密斯－韦森 1076 式手枪

机密档案

型号:史密斯－韦森 1076 式

口径:10 毫米

枪长:197 毫米

枪重:1.125 千克

弹容:9 发 /11 发 /15 发

有效射程:30 米

脱颖而出

　　迈阿密事件发生后,美国联邦调查局开始进行新式手枪的选型实验,并在 21 家公司提供的样枪中反复对比,最终选中了史密斯－韦森公司的 1076 式手枪。1990 年,美国联邦调查局正式装备了史密斯－韦森 1076 式手枪。

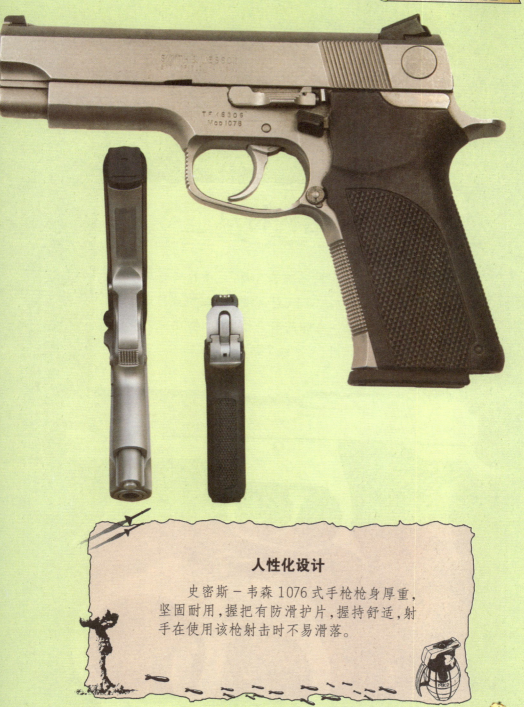

人性化设计

　　史密斯－韦森1076式手枪枪身厚重，坚固耐用，握把有防滑护片，握持舒适，射手在使用该枪射击时不易滑落。

设计特点

史密斯－韦森 1076 式手枪参照 1006 式手枪设计，用不锈钢制成，击锤抛光，握把呈直线型，双动扳机行程较长。该枪采用柱形准星和缺口照门，准星和照门均可横向调整。配备的弹匣种类较多，使用者可以根据自身需要选择安装。

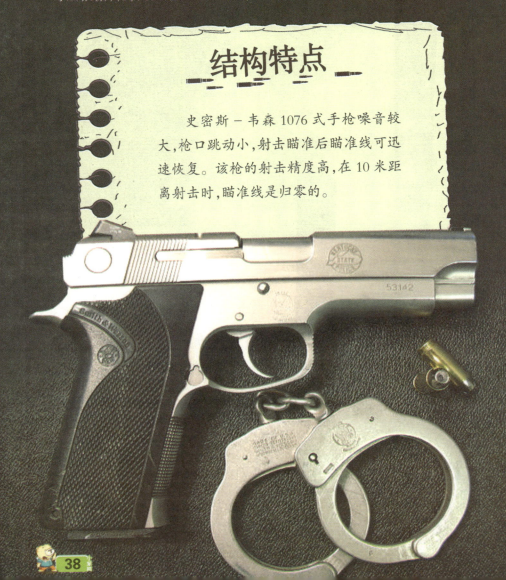

结构特点

史密斯－韦森 1076 式手枪噪音较大，枪口跳动小，射击瞄准后瞄准线可迅速恢复。该枪的射击精度高，在 10 米距离射击时，瞄准线是归零的。

第二章
德国手枪

勃卡特 C93 型手枪

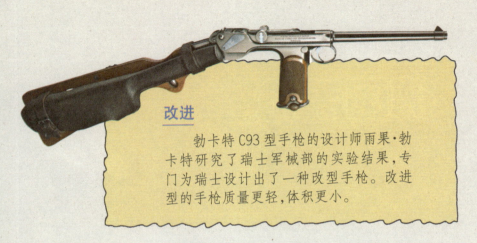

改进

　　勃卡特 C93 型手枪的设计师雨果·勃卡特研究了瑞士军械部的实验结果，专门为瑞士设计出了一种改型手枪。改进型的手枪质量更轻，体积更小。

自动手枪

　　勃卡特 C93 型手枪是世界上第一支实用的自动手枪，它的设计完全符合现代自动手枪的主要特征。它最大的特点就是采用套锁方式闭锁。从外形上看，勃卡特 C93 型手枪与钓鱼竿十分相似。

机密档案

型号:勃卡特 C93 型

口径:7.65 毫米

枪长:350 毫米

枪重:1.31 千克

弹容:8 发

有效射程:20 米

设计特点

勃卡特 C93 型手枪最明显的特征就是枪机末端的"大脑袋",长枪管也使该枪具备了非常高的射击精度。该枪可外接枪托,提高射击稳定性。

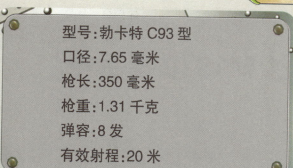

数量稀少

勃卡特 C93 型手枪于 1898 年停产,但它一直服役到 20 世纪。由于该枪当时的生产数量很少,现存数量更是十分稀少。众多枪械爱好者为能拥有一支勃卡特 C93 型手枪而感到骄傲。

毛瑟 M1910 型手枪

销量惊人

20 世纪初，勃朗宁袖珍手枪大获成功,此后,毛瑟公司开始生产袖珍手枪。毛瑟 M1910 型手枪一经推出,就获得了极大的成功。1911 年到 1913 年,该枪的销量就突破了 1 万支。而在 20 世纪初就能有这样的销量是很难得的。

你知道吗?

毛瑟 M1910 型手枪与同时期的其他自动手枪相比价格低廉,被美国大量进口,用作军用武器。

设计特点

　　与其他同时代的袖珍手枪相比,毛瑟 M1910 型手枪的枪管相对较长,这样的设计可以有效地增加射击精度。毛瑟 M1910 型手枪不仅射击精度高,而且隐蔽性好。它的枪管轴线与握持位置很近,这使使用者在控制手枪时更加容易。

改进型号

　　1914 年,毛瑟公司对 M1910 型手枪进行了改进,研制出 M1914 型手枪。改进后的 M1914 型手枪与 M1910 型手枪在外形上差别不大,只是体积略有增加。

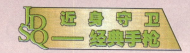

机密档案

型号:毛瑟 M1910 型

口径:6.35 毫米

枪长:139 毫米

枪重:0.493 千克

弹容:8 发

有效射程:40 米

毛瑟 HSc 型手枪

研发背景

1929 年，瓦尔特公司推出的 PP 型手枪对毛瑟公司来说是一个不小的挑战。于是，毛瑟公司开始研制双动手枪，但前两款双动手枪并不成功。随后毛瑟公司又研制了第三款双动手枪——HSc 型手枪。

科普课堂

毛瑟 HSc 型手枪是一款双动手枪，击锤大部分都隐藏在套筒中，露出的一小部分刚好能使射手用拇指待击。该枪的保险机构为杆形，保险机构上升时，击针头部进入凹形位置，不会与击锤对准。

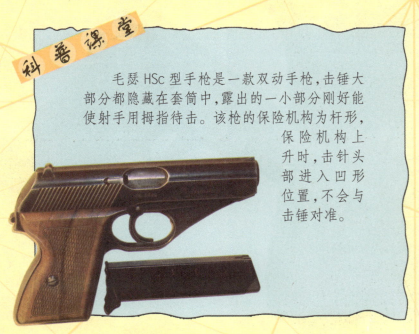

机密档案

型号	毛瑟 HSc 型
口径	7.65 毫米
枪长	165 毫米
枪重	0.596 千克
弹容	8 发
有效射程	40 米

全新设计

　　毛瑟 HSc 型手枪不是某个手枪的改进型，而是一款全新设计的手枪。毛瑟 HSc 型手枪体积较大，质量也较重，流线型的外观给人很强的视觉冲击力。毛瑟 HSc 型手枪的内部零件为冲压件，击锤完全隐藏在套筒里，使用者在快速出枪的过程中，不会发生钩挂现象。

HK P2000 型手枪

模块化设计

　　HK P2000 型手枪采用模块化设计,维护简单,可快速更换受损零部件,对作战环境的适应能力较强。手枪的握把处使用了可更换握把片,使用者可以根据自己手掌的大小来调节握把的形状和尺寸。

外形设计

　　HK P2000 型手枪表面经过特殊的涂层处理,不反光,可以用于执行隐蔽任务。HK P2000 型手枪弹匣底部有突出部分,以做手枪握把底缘使用。

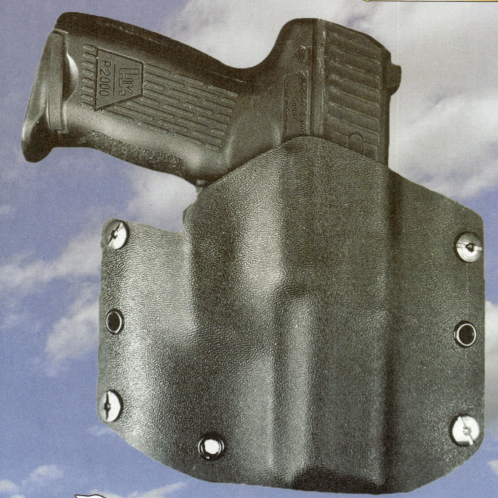

改进型号

　　P2000 SK 型手枪是 P2000 型手枪的改进型，它比 P2000 型手枪更加小巧，但性能却丝毫不亚于 P2000 型手枪。P2000 SK 型手枪现在广为美国国土安全部、特勤局和联邦调查局等人员所使用。

设计特点

HK P2000 型手枪的枪管由经过冷锻和镀铬的钢材制造而成,具有多边形的轮廓。套筒是由硝酸渗碳制成的钢材所制成,十分坚固。HK P2000 型手枪也遵循了现代手枪的设计趋势,采用耐高温、耐磨损的聚合物和钢材混合材料,既减轻了枪的重量,又降低了生产成本。

机密档案

型号:HK P2000 型

口径:9 毫米

枪长:173 毫米

枪重:0.62 千克

弹容:10 发

有效射程:50 米

HK P30 型手枪

研制历史

2006 年,为了提供一种更好的警用手枪和自卫武器,HK 公司对 HK P2000 型手枪作了进一步改进,研制出 HK P30 型手枪。2005 年公开的早期 HK P30 型手枪又被称为 HK P3000 型手枪。HK P30 手枪是作为执法人员用枪而设计的,一些机构还将它作为制式备用枪械。

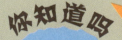

你知道吗

？

HK P30 型手枪的金属部分都经过氮化表面处理,提高了枪身的耐腐蚀性。

机密档案

型号:HK P30 型
口径:9 毫米
枪长:181 毫米
枪重:0.74 千克
弹容:10 发
有效射程:50 米

改进之处

　　与 HK P2000 型手枪相比,HK P30 型手枪在人机工效上又有了提高。HK P30 型手枪与 HK P2000 型手枪都可以更换握把背板,但 HK P30 型手枪在此基础上还可更换握把侧板。另外,握把处的凹槽设计,使使用者可以牢牢地把枪握在手里,即使是女性使用者也可以轻松地射击。

战术附件

　　HK P30 型手枪的套筒下整合设计了一条战术导轨，可以安装战术灯、镭射瞄准器等战术附件。另外，HK P30 型手枪有专用的手枪护套，携带方便。

HK 45 型手枪

研发目的

  为了参与美军特种部队小型战斗手枪的竞标，HK公司综合以前的设计经验，研制了一款新型手枪。但美军特种部队最终选用了其他手枪，HK公司将其设计的新型枪命名为HK 45 型手枪，并转投民用市场。

机密档案

型号：HK 45 型

口径：11.43 毫米

枪长：191 毫米

枪重：0.785 千克

弹容：10 发

有效射程：40 米—80 米

结构特点

　　HK 45 型手枪有可更换的握把背板，握把前端有手指凹槽，扳机护圈前还有皮卡汀尼导轨，而且它也有自己独特的外形特点，就是套筒前端略向前倾。

2007 年秋天,HK 公司又推出了 HK 45C 型手枪。如果说 HK 45 型手枪适合手掌大小比较平均的男性使用,那么,没有手指凹槽的 HK45C 型手枪则更加适合手掌较小的女性使用。

设计特点

HK 45 型手枪握把较小,更符合人体工程学设计。为了适应这种独特的结构,HK 45 型手枪使用可拆式双排弹匣。HK 45 型手枪套筒两端有锯齿状防滑纹,扳机护圈前面的防尘盖上有战术导轨,可安装各种战术灯和激光指示器等。它的枪口前端还安装了一个 O 形环,可以使套筒和枪管在开闭锁转换时更加协调,并提高射击精度。

第三章
瑞士手枪

SIG P210 型手枪

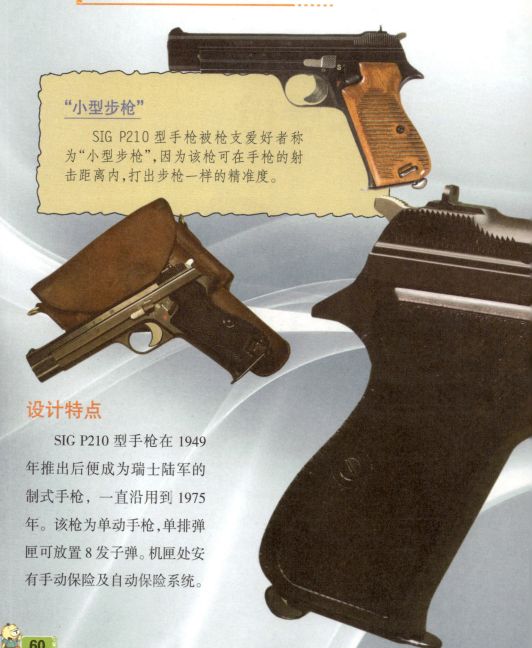

"小型步枪"

　　SIG P210 型手枪被枪支爱好者称为"小型步枪",因为该枪可在手枪的射击距离内,打出步枪一样的精准度。

设计特点

　　SIG P210 型手枪在 1949 年推出后便成为瑞士陆军的制式手枪,一直沿用到 1975 年。该枪为单动手枪,单排弹匣可放置 8 发子弹。机匣处安有手动保险及自动保险系统。

不可替代

　　现代手枪的枪架、套筒和枪管是完全可以替换的,然而 SIG P210 型手枪的枪架、套筒和枪管都是配套制造,各打上相同的号码。这虽对手枪的批量生产带来了困难,但是对于射击爱好者和收藏家而言,却是一种难得的特色。

机密档案

型号:SIG P210 型

口径:9 毫米

枪长:215 毫米

枪重:0.9 千克

弹容:8 发

有效射程:50 米

枪界精品

　　SIG P210 型手枪的独特之处是它的主要钢制部件由人手车削。套筒及骨架配套制成，采用高质量的 120 毫米枪管，加上严格的品质监控，SIG P210 型手枪的可靠性、准确度、耐用性都比一般手枪高。

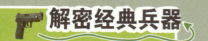

SIG P220 型手枪

独特设计

SIG P220 型手枪的底把材料为铝合金,既美观又减轻了手枪的重量。枪表面作了哑黑色阳极化处理,隐蔽性较好,套筒由钢板冲压制成,击锤、板机和弹匣扣均为铸件,枪管由优质钢材冷锻而成。

你知道吗

SIG P220 型手枪的击针在通常情况下是被锁住的,即便手枪不慎落地也不会走火。而当射手遇到突发情况时,随时可以拔出手枪以双动方式发射首发弹,不会延误战机。

使用方便

SIG P220 型手枪使用简单的工具便可更换枪管和套筒，以便使用不同口径的子弹射击。

机密档案

型号：SIG P220 型

口径：9 毫米

枪长：198 毫米

枪重：0.75 千克

弹容：9 发

有效射程：40 米

SIG P226 型手枪

制作材料

SIG P226 型手枪的底把是由硬质铝合金制成。1996年以前生产的 SIG P226 型手枪的套筒由碳钢制成，十分沉重，后期生产的 SIG P226 型手枪改为不锈钢套筒，减轻了枪的重量。

操作简便

SIG P226 型手枪枪体两侧都可以使用弹匣卡榫，这样，射击者便可以在不改变握枪手势的情况下，直接用拇指拨动弹匣解脱扣，即使是左撇子也可以操作自如。

机密档案

型号:SIG P226 型

口径:9 毫米

枪长:196 毫米

枪重:0.75 千克

弹容:15 发

有效射程:40 米

改进之处

SIG P226 型手枪为单动或双动都可击发的半自动手枪,其原型枪于 1980 年研制完成。 SIG P226 型手枪是 P220 型手枪的改进型。它在 SIG P220 型手枪的基础上改用双排弹匣供弹,大大增加了其火力持续性。

装备情况

在美国,联邦调查局、财政与犯罪研究局、能源部等联邦机构,还有多个州或地区性警察局的普通警员或特警队员都选用了 SIG P226 型手枪。许多特种部队如美国海军"海豹"突击队等也很喜欢使用这种性能优异的辅助武器。

短小精悍

1988 年,SIG P228 型手枪正式投放市场。SIG P228 型手枪是 SIG P226 型手枪的紧凑型。为了缩小外形,SIG P228 型手枪的弹匣容量比 SIG P226 型手枪小。SIG P228 型手枪虽外形小巧,杀伤力却不容小觑。

SIG P228 型手枪

优越的性能

SIG P228 型手枪的人体工程学设计十分合理,握把的形状对于手掌大小不同的射手来说,都很舒适。SIG P228 型手枪把 SIG P226 型手枪握把侧片上的防滑纹由方形改为了不规则的凸粒状,这样的设计使握把更加舒服。

P228 导轨型

SIG P228 导轨型基本上与 SIG P228 型相
同，只是在套筒下、底把扳机护圈前的防尘盖上
安装了一条导轨，以安装战术灯等战术附件。

装备部门

1992 年 4 月，美军正式选用了 SIG P228 型手枪，并将其改名为 M11 紧凑型手枪。它被配发给美国宪兵、情报人员、飞行机组和装甲机组人员等，另外，美国的军事犯罪调查机构、空军特别调查办公室和海军调查局的工作人员也将该枪作为随身武器携带。

机密档案

型号:SIG P228 型

口径:9 毫米

枪长:180 毫米

枪重:0.83 千克

弹容:13 发

有效射程:40 米

SIG P229 型手枪

装备情况

　　SIG P229 型手枪性能稳定，因不锈钢套筒比枪身重，射击时可吸收一部分后坐力，所以连发射击较为准确。SIG P229 型手枪于 1992 年正式进入世界武器市场，目前主要装备于美国海岸巡逻队、英国武装部队等。

你知道吗

　　SIG P229 型手枪的保险是被动型的，枪身上没有保险杆，射手无法通过外部装置打开或关闭保险，子弹上膛即可发射。

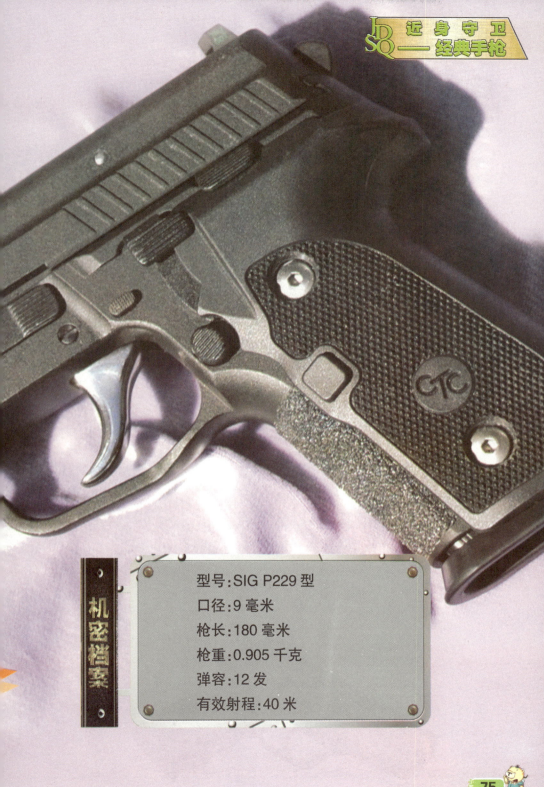

机密档案

型号:SIG P229 型

口径:9 毫米

枪长:180 毫米

枪重:0.905 千克

弹容:12 发

有效射程:40 米

SIG P229 型手枪也存在一些问题，其枪身采用尼特纶作防锈处理，由于尼特纶质地较软，甚至用指甲轻轻一划，套筒上就会留下划痕。而且 SIG P229 型手枪的握把两面由塑料片制成，在连续射击 100 发子弹时，塑料片可能会出现松动的情况，需要上紧后才可继续射击。

与 P228 型的比较

SIG P229 型手枪与 SIG P228 型手枪在外形上十分相似，只是枪管略有不同。SIG P229 型手枪弹匣容量比 SIG P228 型手枪略小，弹匣底部比 SIG P228 型手枪略宽。SIG P229 型手枪注重简便的操作，保证枪械在紧急情况下可随时射击。

SIG P230 型手枪

精密的结构

SIG P230 型手枪最大的特色在于双动式扳机系统和击锤管制系统。SIG P230 型手枪的设计重点就是缩小枪的体积。为了达到这一目的,SIG P230 型手枪采用单排弹匣供弹。在外观上,SIG P230 型手枪避免使用突起的零部件,以免发生钩挂的意外。

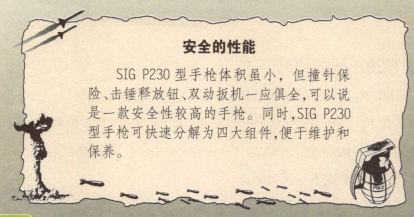

安全的性能

SIG P230 型手枪体积虽小,但撞针保险、击锤释放钮、双动扳机一应俱全,可以说是一款安全性较高的手枪。同时,SIG P230 型手枪可快速分解为四大组件,便于维护和保养。

机密档案

型号:SIG P230 型

口径:9.765 毫米

枪长:168 毫米

枪重:0.46 千克

弹容:7 发

有效射程:40 米

设计特点

SIG P230 手枪采用自由枪机式工作原理，设有击锤保险和击针保险。SIG P230 型手枪的套筒座由轻合金制成，以减轻枪身重量。

SIG Pro 系列手枪

研制背景

　　20 世纪 90 年代末，SIG 公司推出了 Pro 系列手枪。SIG Pro 系列手枪共有三种口径、四种型号。SIG Pro 系列手枪的瞄准具十分清晰，上面的白色圆点有助于夜间射击。SIG 公司企图通过这一系列手枪在世界手枪市场上占据更大的市场份额。

机密档案

型号:SIG Pro 系列

口径:9 毫米

枪长:190 毫米

枪重:0.786 千克

弹容:15 发

有效射程:40 米

设计特点

　　SIG Pro 系列手枪大量采用塑料聚合物，这是哨尔公司的一次大胆尝试。Pro系列手枪扳机护圈宽大，方便射手操作。

科普课堂

　　SIG Pro 系列手枪继承了 SIG P220 型手枪的许多优点，并重新设计了扳机簧使扳机系统变宽。尽管它的可靠性提高了，但是它的扳机扣力没有 SIG P220 型手枪舒适。此外，命中率也比 SIG P220 型手枪降低了。

结构特点

　　SIG Pro 系列手枪最大的特点是模块化的击发结构。

　　SIG Pro 系列手枪的底把上有两根销钉，一根接近顶部，一根接近底部。拔出销钉，就可以取出整个击发组织。这种模块结构不仅方便转变击发方式，还方便生产者组装不同的型号。

第四章
比利时手枪

勃朗宁 M1900 型手枪

"枪牌手枪"

比利时勃朗宁 M1900 型手枪在我国被称为"枪牌手枪"。勃朗宁于 19 世纪末开始研制手枪，他研制出的产品主要由比利时的 FN 国营兵工厂和美国的柯尔特武器公司、雷明顿武器公司负责制造。在实际使用中，勃朗宁 M1900 型手枪几乎没有击发无力的故障发生。

你知道吗

？

勃朗宁 M1900 型手枪结构简单，没有外露的击锤，避免手枪钩挂衣物的意外发生。该枪采用复进簧在上、套筒在下的结构，这与现代自动手枪完全相反。

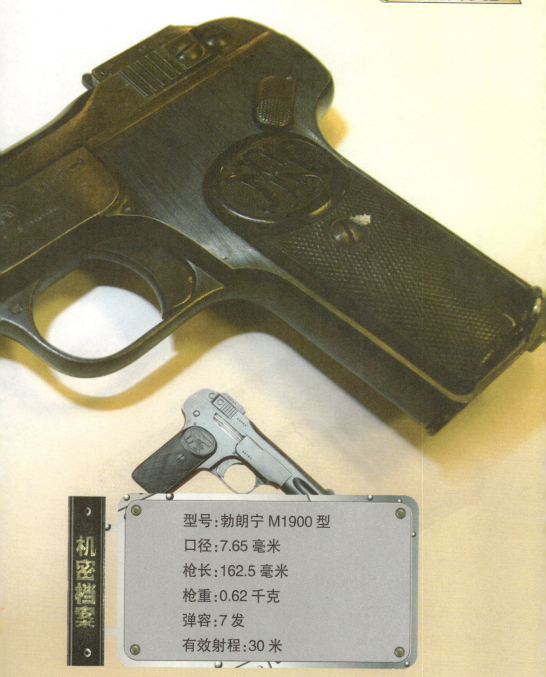

机密档案

型号:勃朗宁 M1900 型

口径:7.65 毫米

枪长:162.5 毫米

枪重:0.62 千克

弹容:7 发

有效射程:30 米

勃朗宁 M1903 型手枪

可靠的性能

勃朗宁 M1903 型手枪最大的特点就是采用了内置式击锤的击发机构。这种结构实现了外观和性能之间的平衡。勃朗宁 M1903 型手枪不仅精致小巧，而且稳定可靠，受到赞赏是情理之中的。

经典之作

勃朗宁 M1903 型手枪秉承了勃朗宁系列手枪一贯的特点，在简单、实用的基础上兼具创新精神。从整体上看，勃朗宁 M1903 型手枪仅用了 37 个零部件，但是在性能方面十分稳定，不愧是世界手枪的经典之作。

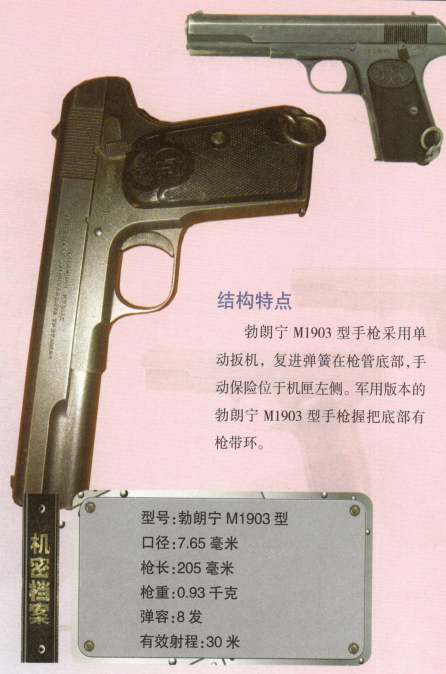

结构特点

　　勃朗宁 M1903 型手枪采用单动扳机，复进弹簧在枪管底部，手动保险位于机匣左侧。军用版本的勃朗宁 M1903 型手枪握把底部有枪带环。

机密档案

型号:勃朗宁 M1903 型

口径:7.65 毫米

枪长:205 毫米

枪重:0.93 千克

弹容:8 发

有效射程:30 米

勃朗宁 M1910 型手枪

研制背景

　　美国著名的轻武器设计师勃朗宁在研制手枪的同时,也在不断地研究手枪市场。他认为,市场上缺乏一种介于民用和军用手枪之间、体积和质量都适中的半自动手枪。在这样的条件下,勃朗宁 M1910 型手枪诞生了。

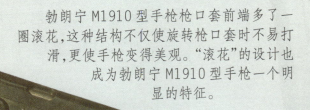

科普课堂

　　勃朗宁 M1910 型手枪枪口套前端多了一圈滚花,这种结构不仅使旋转枪口套时不易打滑,更使手枪变得美观。"滚花"的设计也成为勃朗宁 M1910 型手枪一个明显的特征。

结构特点

　　勃朗宁 M1910 型手枪采用了新式布局,复进簧中置,使该枪看起来更加"苗条"。套筒也进行了革新,由传统的"8"字形套筒横截面变成了"O"形套筒横截面。

机密档案

型号:勃朗宁 M1910 型

口径:7.65 毫米

枪长:152 毫米

枪重:0.58 千克

弹容:7 发

有效射程:50 米

FN 57 式手枪

"枪坛酷星"

FN 57 式手枪是比利时 FN 公司为了推广 SS190 型子弹而专门研制的一款半自动手枪。FN 57 式手枪的出现在轻武器领域中引起了不小的轰动，成为大红大紫的"枪坛酷星"。

你知道吗？

FN 57 式手枪的结构、造型经过精心设计：在套筒外部附以高强度的钢和塑料复合材料，击针室外面覆上高强度工程塑料后，表面再进行磷化处理。

型号:FN 57 式

口径:5.7 毫米

枪长:208 毫米

枪重:0.618 千克

弹容:20 发

有效射程:50 米

机密档案

优缺点

　　FN 57 式手枪向来以火力强大、穿透力强著称。该枪可加装消声器材,发射枪弹时声音和烟尘都很小,可用于执行隐蔽任务。但也正因为 FN 57 式手枪弹药火力过强,手枪握把过于宽大,所以不易控制,不适合单手射击。

使用子弹

　　FN 57 式手枪使用的是 SS190 子弹。该子弹弹壳直径小,重量轻。SS190 子弹的初速有极好的穿透力,在有效射程内能击穿标准的防弹衣。

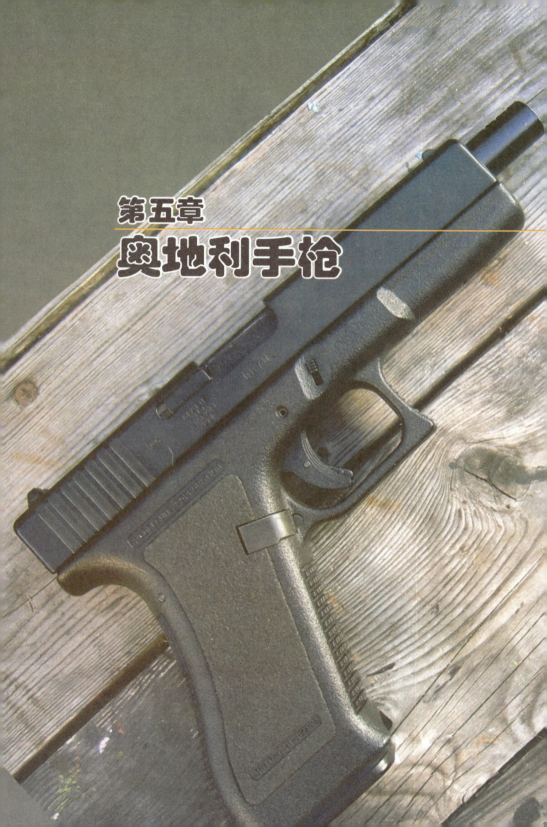

第五章
奥地利手枪

格洛克 18 型手枪

使用情况

格洛克 18 型手枪是格洛克 17 型手枪的衍生型。它外形小巧，火力强大，最早装备奥地利反恐部队。在设计之初，格洛克 18 型手枪便被定位为只面向警察和军队销售的枪支，不在民间销售也不可作为民用枪支使用。

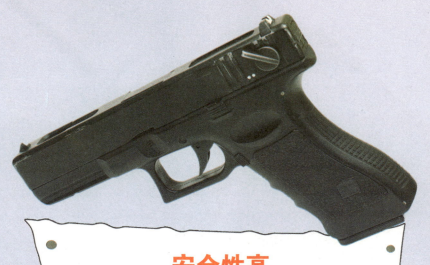

安全性高

由于格洛克 18 型手枪火力极强，所以安全性也是该枪的设计重点之一。为了防止意外走火，格洛克 18 型手枪采用了安全行程保险机构。在通常情况下，撞针只会处于待发状态下的 1/3 位置，在扣动扳机时才会引导撞针进入待发状态并同时击发。

机密档案

型号:格洛克 18 型

口径:9 毫米

枪长:186 毫米

枪重:0.62 千克

弹容:17 发 /31 发 /33 发

有效射程:50 米

科普课堂

格洛克18型手枪已经历了三次修正；最新的版本被称为第三代格洛克18型手枪。从1999年开始，新生产的格洛克18型手枪都在其套筒下前方设有导轨，以安装各种战术附件。

火力十足

　　格洛克 18 型手枪和格洛克 17 型手枪在外形上非常相似，两者最大的不同是格洛克 18 型手枪上多了一个射击选择按钮，可以选择全自动或是单发射击。新增的全自动模式使得格洛克 18 型手枪火力更强，它的理论射速可达 1 200 发 / 分,几乎可以和冲锋枪相媲美。

格洛克 20 型手枪

推陈出新

格洛克 20 型手枪虽是在格洛克 17 型手枪的基础上研制出来的，但为确保手枪的完整性和安全性，两款手枪的零部件并不能完全通用。

设计特点

格洛克 20 型手枪的结构与格洛克 17 型手枪基本相同，握把前后尺寸比格洛克 17 型手枪长 10%。该枪可放在手枪套中，便于携带。

机密档案

型号:格洛克 20 型

口径:10 毫米

枪长:193 毫米

枪重:0.78 千克

弹容:10/15 发

有效射程:50 米

结构特点

为了发射大威力枪弹,格洛克 20 型手枪的套筒座上方加装了一个横向销钉,以此防止射击时锁块移动。格洛克 20 型手枪采用弹匣供弹,按下弹匣卡榫时弹匣会自动弹出来。其瞄准装置为普通机械瞄准具,由固定式片状准星和缺口式照门表尺组成。

格洛克 37 型手枪

后起之秀

格洛克 37 型手枪是奥地利格洛克公司于 2003 年生产的一款大口径手枪。枪身表面经过涂层处理，耐磨损、耐腐蚀。这样的设计延长了格洛克 37 型手枪的使用寿命，并增强了该枪在恶劣环境中的适应能力。

你知道吗

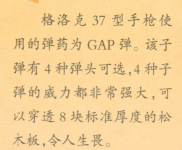

格洛克 37 型手枪使用的弹药为 GAP 弹。该子弹有 4 种弹头可选，4 种子弹的威力都非常强大，可以穿透 8 块标准厚度的松木板，令人生畏。

机密档案

型号:格洛克 37 型

口径:11.43 毫米

枪长:201 毫米

枪重:0.8 千克

弹容:10 发

有效射程:50 米

.45 G.A.P.

设计特点

格洛克 37 型手枪套筒表面有比不锈钢更坚硬的防锈蚀涂层。套筒座由轻型聚合物制成,具有良好的抗冲击性。握把考虑了人机功效问题,双侧带有防滑纹。

曼利夏 1901 型手枪

经典之作

　　曼利夏 1901 型手枪可谓是武器设计大师曼利夏的经典之作。该手枪一经推出，便受到了世人的关注。该枪采用了延迟后坐的自动方式，这是曼利夏的一大创新。他精心设计了弹簧与凸轮，两者一起工作时可以引起延迟从而限制套筒的后坐，使手枪变得更加安全可靠。

机密档案

型号:曼利夏 1901 型

口径:7.63 毫米

枪长:246 毫米

枪重:0.91 千克

弹容:8 发

有效射程:30 米

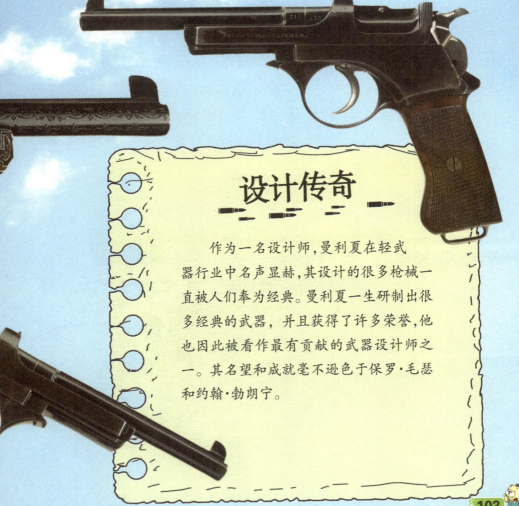

设计传奇

　　作为一名设计师,曼利夏在轻武器行业中名声显赫,其设计的很多枪械一直被人们奉为经典。曼利夏一生研制出很多经典的武器,并且获得了许多荣誉,他也因此被看作最有贡献的武器设计师之一。其名望和成就毫不逊色于保罗·毛瑟和约翰·勃朗宁。

科普课堂

曼利夏 1901 型手枪有一个完整的弹仓，要经过滑口滑动弹匣装载弹药，这在当时是首创。

深受喜爱

曼利夏 1901 型手枪是由著名的奥地利武器制造商施泰尔公司生产的。该枪的内部结构并不复杂,握把细长,可双手持枪射击。曼利夏 1901 型手枪因性能可靠而被世人称赞。曼利夏 1901 型手枪外形精巧,甚至给人一种"单薄"的感觉,但其威力却是惊人的。

第六章
其他国家手枪

WARNING: RETRACT SLIDE TO SEE IF LOADED
FIRES WITHOUT MAGAZINE

英国 恩菲尔德 38 型转轮手枪

研制背景

20世纪30年代，武器生产技术进一步发展，当时的英国军队装备的韦伯利手枪虽然威力巨大，但在综合性能方面已经不能适应多变的战场环境，英军需要一种比韦伯利手枪威力更大、更容易操控的手枪。恩菲尔德38型转轮手枪就在这种情况下诞生了。

你知道吗

？

恩菲尔德38型转轮手枪与韦伯利M6型转轮手枪结构非常相似，只是恩菲尔德38型转轮手枪外形稍大些。

机密档案

型号:恩菲尔德38型

口径:9.65毫米

枪长:260毫米

枪重:0.78千克

弹容:6发

有效射程:30米

设计特点

恩菲尔德38型转轮手枪外形设计粗犷,不拘小节,风格强悍而硬朗。该枪威力巨大,同时还具备很高的操控性。

意大利 伯莱塔 Px4 型手枪

研制背景

20 世纪 80 年代后期,世界各武器公司都掀起了生产塑料套筒座手枪的热潮。伯莱塔公司是最后一个涉足塑料套筒座手枪领域的,但推出的几款手枪并没有取得成功。为了恢复伯莱塔手枪在美国市场的地位,伯莱塔公司推出了 Px4 型手枪。

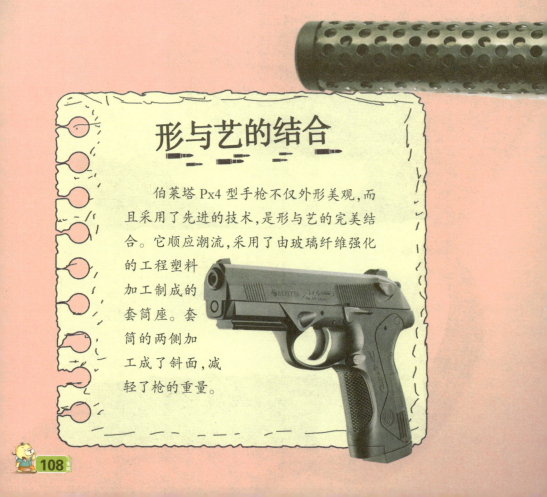

形与艺的结合

伯莱塔 Px4 型手枪不仅外形美观,而且采用了先进的技术,是形与艺的完美结合。它顺应潮流,采用了由玻璃纤维强化的工程塑料加工制成的套筒座。套筒的两侧加工成了斜面,减轻了枪的重量。

机密档案

型号:伯莱塔 Px4 型

口径:9 毫米

枪长:193 毫米

枪重:0.785 千克

弹容:17 发

有效射程:40 米

模块化设计

　　伯莱塔 Px4 型手枪的握把采用模块化设计,每把枪都配备三种不同尺寸的握把背板,射手在射击时可以选择适合尺寸的握把,保证射击时的舒适性。

意大利 伯莱塔 90TWO 型手枪

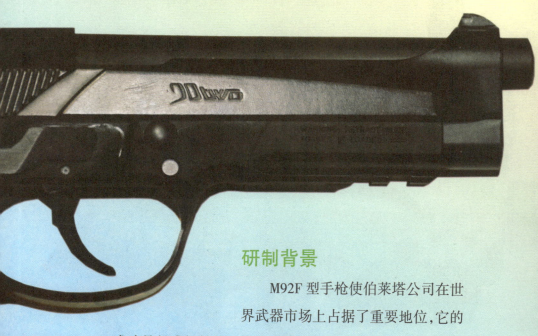

研制背景

  M92F 型手枪使伯莱塔公司在世界武器市场上占据了重要地位,它的成功是很难超越的。伯莱塔公司在生产 M92F 手枪的变型枪的同时,也在不断研发新枪种。90TWO 型手枪就是伯莱塔公司在 M92F 手枪的基础上研制出的新手枪。

机密档案

型号:伯莱塔 90TWO 型

口径:9/10.16 毫米

枪长:216 毫米

枪重:0.92/0.905 千克

弹容:17/12 发

有效射程:40 米

本枪亮点

导轨护套是伯莱塔90TWO型手枪的一个亮点。当枪体遭遇意外撞击时,导轨护套可以保护导轨不受外部撞击,保证使用者在执行特殊任务的时候能正常安装战术附件。

设计特点

伯莱塔90TWO型手枪重视人机工效,设计者设计了弧度轮廓,扳机护圈也采用了弧线型设计。

图书在版编目(CIP)数据

近身守卫：经典手枪／崔钟雷主编. -- 长春：吉
林美术出版社，2013.9（2022.9重印）
（解密经典兵器）
ISBN 978-7-5386-7895-6

Ⅰ．①近… Ⅱ．①崔… Ⅲ．①手枪 –儿童读物 Ⅳ．
①E922.11–49

中国版本图书馆 CIP 数据核字（2013）第 225155 号

近身守卫：经典手枪
JINSHEN SHOUWEI: JINGDIAN SHOUQIANG

主　　编	崔钟雷
副 主 编	王丽萍　张文光　翟羽朦
出 版 人	赵国强
责任编辑	栾　云
开　　本	889mm×1194mm　1/16
字　　数	100 千字
印　　张	7
版　　次	2013 年 9 月第 1 版
印　　次	2022 年 9 月第 3 次印刷

出版发行	吉林美术出版社
地　　址	长春市净月开发区福祉大路5788号
	邮编：130118
网　　址	www.jlmspress.com
印　　刷	北京一鑫印务有限责任公司

ISBN 978-7-5386-7895-6　　定价：38.00 元